逐夢深空

——嫦娥五號攬月回——

主編◎ 錢航　　繪◎ 鄭洪傑

中 華 教 育

總 序

　　中華民族在人類發展史上曾創造過燦爛的古代文明。

　　中國最早發明的古代火箭，便是現代火箭的雛形。1949年中華人民共和國成立後，中國依靠自己的力量，獨立自主地開展航天活動，於1970年成功地研製並發射了第一顆人造地球衛星。迄今，中國在航天技術的一些重要領域已躋身世界先進行列，取得了舉世矚目的成就。

　　如今祖國日益強大，國泰民安、星河璀璨。

　　通過科學家們的不斷努力，我們實現了「可上九天攬月」的大國偉業，實現了「明月幾時有」的文化寄託。探索浩瀚宇宙，發展航天事業，建設航天強國，是我們不懈追求的航天夢。

　　九天攬月星河闊，十六春秋繞落回。

　　「人生的扣子從一開始就要扣好」，自然也包括好的習慣養成。

　　所有能力的基礎都是靠讀書奠定的。讀書是增加見識的最好途徑，也是思想聯通外界最好的方式。兒童讀書，可以形成閱讀興趣，一旦興趣養成了，這是能夠陪伴一生的好習慣。

　　本書由奮戰在航天一線的專家團隊親自撰寫，設計精巧，深入淺出，文圖並茂。溫馨的畫風，肆意奔流的色彩，充滿了智慧和幽默，是難得的全景式航天科普溫馨佳作。

　　打開這本書，和孩子一起，讓孩子張開想像的翅膀，參與一場太空旅行，月亮、太陽、火星……穿梭於星體之間，遨遊於星河之中，一起探索這場星際之旅吧！

2021年6月16日

怎樣才能成為航天人

——主編寄小讀者

你要問怎樣才能成為航天人，我想跟你說一下我們這一代青年航天人的經歷。

今天的「80後」、「90後」青年航天人已經是航天舞台的主力了。然而在2003年，當我國第一艘載人飛船「神舟五號」成功飛向太空的時候，我們還在讀中學甚至小學。「神舟五號」的成功發射既讓我們感到驕傲與自豪，也激發了我們對太空強烈的好奇心與探索慾。

我們開始做起了航天夢，立志以後一定要考大學，學航天。於是我們刻苦學習，如願進入航天專業類院校。面對外界的諸多誘惑，我們在畢業選擇時也曾猶豫不決、內心徘徊。回顧初心，錢學森、趙九章、郭永懷等「兩彈一星」功勛科學家無私奉獻的精神深深感動着我們，他們成就了我們今天的航天強國、科技強國，也引導我們堅定選擇了航天事業。

目前我國航天科技取得了舉世矚目的成就。中國人現在已實現了神舟天宮「登天」、嫦娥「探月」、天問「落火」、空間站「駐天」，相信未來還能實現「駐月」、「登月」，中國航天在不斷地「打怪升級」，「探索宇宙奧祕、和平利用太空」，這是多麼了不起的成就！

親愛的小讀者，你若想將來成為一名航天優秀人才，首先要努力學習，學好基礎知識，航天工程要求精確可靠、米秒不差，把數學、物理、化學、信息技術等科學文化知識學扎實，這對你理解航天工程大有益處；其次要關注航天動態，了解我國和世界航天的發展大事件，會持續激發你的興趣，做航天人之前，成為一個專業點的航天迷；最後要好好鍛煉身體，養成健康作息，航天人不管是航天員、火箭設計師、衛星「操盤手」，還是總工程師等科技、管理崗位，都要求有很好的身體和心理素質，要以最好的面貌去完成光榮而艱巨的任務。

親愛的小讀者，希望十幾年後咱們能成為並肩作戰的同事，我們所有航天人熱情歡迎你的加入，共同為祖國航天事業打造更美好的明天。總之，「幸福都是奮鬥出來的」，人生因奮鬥而精彩，青春因夢想而美麗，夢想就像一朵朵浪花，中國航天人共同的夢想同頻共振，匯成了航天夢這條奔湧的長河，這條大河奔向宇宙深處，奔向星辰大海。願你敢於追夢，勤於圓夢，書寫出屬於自己的青春華章。

2021年6月24日

目錄

導言

　　讀者們，大家好！我叫「嫦娥五號」，剛從月球回來不久，是我們嫦娥家族的第五位姑娘，你可以喊我「五姑娘」。讀了前面兩本繪本，你了解到「大姐」「嫦娥一號」開啟了探月的步伐，實現了我國探月工程重大科技專項「繞、落、回」三步走戰略第一步「繞」月；「四姐」「嫦娥四號」完美結束了第二步「落」月，並且是人類首次在月球背面着陸；而我是三步走戰略的最後一步，也就是月球採樣返回。我從月亮上「挖土」回來的整個任務是我國迄今最複雜、難度最大的航天任務之一。

　　想知道我是怎麼克服重重困難完成任務的嗎？請跟着我閱讀本書。

1 我的長相

上升器 能夠在月球表面起飛的飛行器。

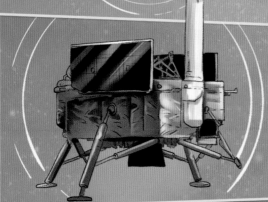

着陸器 有着陸腿能夠穩穩站在
月球表面的飛行器。

返回器 返回地球，再入大氣層的
飛行器。

軌道器 環繞月球軌道飛行的
飛行器。

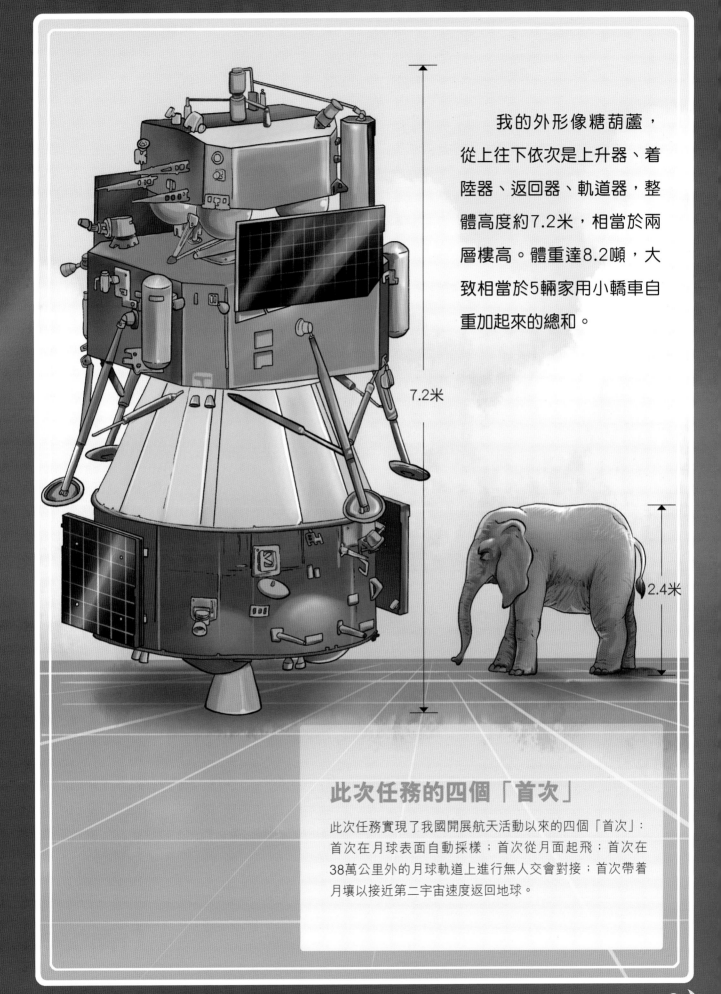

我的外形像糖葫蘆，從上往下依次是上升器、着陸器、返回器、軌道器，整體高度約7.2米，相當於兩層樓高。體重達8.2噸，大致相當於5輛家用小轎車自重加起來的總和。

7.2米

2.4米

此次任務的四個「首次」

此次任務實現了我國開展航天活動以來的四個「首次」：首次在月球表面自動採樣；首次從月面起飛；首次在38萬公里外的月球軌道上進行無人交會對接；首次帶着月壤以接近第二宇宙速度返回地球。

「長征五號」運載火箭，又叫「胖五」，採用5米直徑箭體結構、無毒無污染的液氧／煤油和液氫／液氧推進系統，使我國火箭的運載能力大幅提升，火箭整體性能和總體技術達到國際先進水平，為中國航天進入更大的舞台提供了堅實基礎。

「胖五」身高約57米，相當於20層樓那麼高。

其近地軌道運載能力為25噸，比現役火箭提升了2.5倍，好比可以一次將16台小轎車送入太空，絕對算得上是「大力士」。

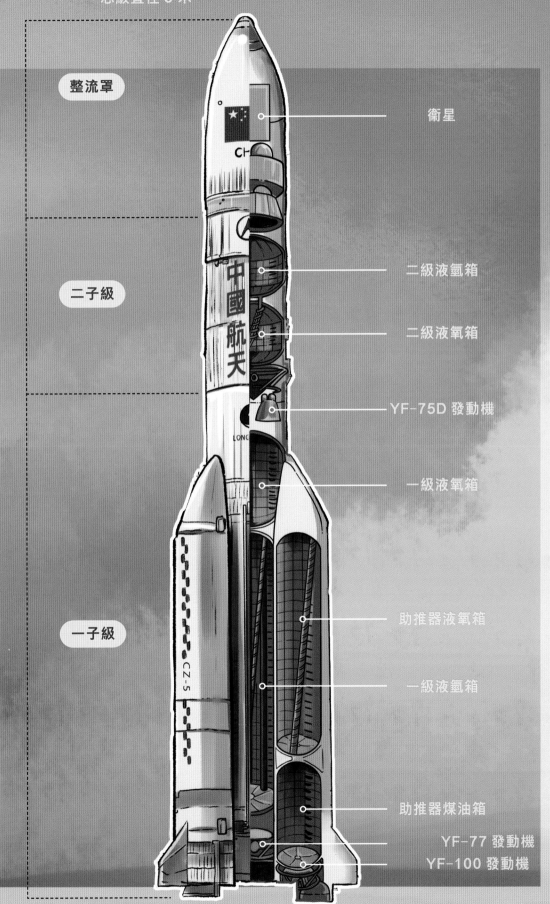

火箭總長度 56.97 米
芯級直徑 5 米

整流罩

衞星

二子級

二級液氫箱

二級液氧箱

YF-75D 發動機

一級液氧箱

一子級

助推器液氧箱

一級液氫箱

助推器煤油箱

YF-77 發動機
YF-100 發動機

助推器直徑 3.35 米

5

整流罩分離

助推器分離

一二級分離，二級啟動

箭器分離

你知道「長征五號」火箭為甚麼選擇在凌晨發射嗎？

一是便於奔月軌道的設計。月球探測和火星探測一樣，都屬於深空探測。此次飛往月球，要在滿足地球與月球位置關係的限制、火箭射向和滑行時間的約束、探測器地月轉移時間、返回器再入航程等條件下，選擇最合適的發射時間，也就是確定火箭的發射窗口。二是凌晨天空雲層更少，有利於信號的傳播。三是為了方便觀測。在凌晨發射「長征五號」，可更好地利用望遠鏡等天文設備，對觀察到的發射情況做出總結。

④ 地月軌道轉移

發射成功後，我先繞地球進行兩次軌道修正，然後被月球引力場捕獲，進入環月軌道飛行。

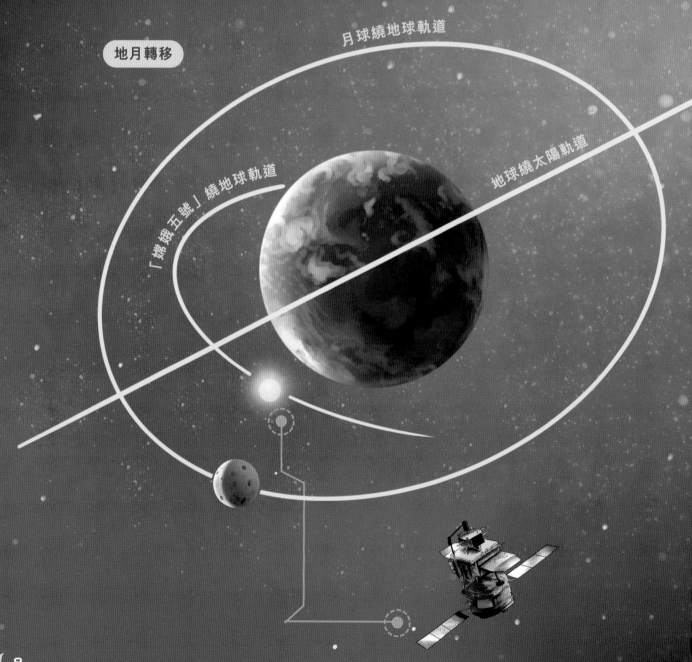

地月轉移

月球繞地球軌道

「嫦娥五號」繞地球軌道

地球繞太陽軌道

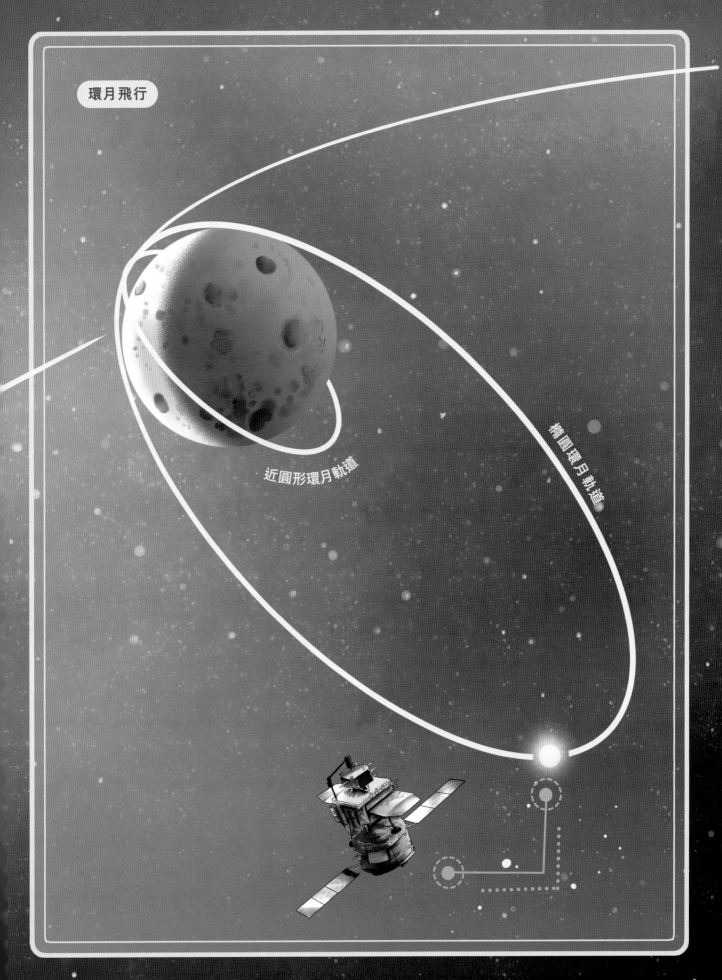

環月飛行

近圓形環月軌道

橢圓環月軌道

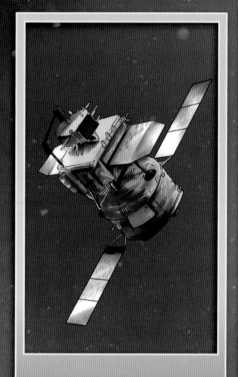

1.「嫦娥五號」進入環
月軌道飛行。

2.着陸器和上升器組合
體在月球正面預選着
陸區着陸。

3.上升器攜帶採集好
的月壤樣品從月球
起飛。

5.軌道器和返回器組合
體返回地球。

4.上升器與軌道器和返
回器組合體交會對
接,並將樣品容器轉
移至返回器中。

6.返回器攜帶月壤樣品
着陸地球。

6 我的目的地

**航天
小知識**

「嫦娥五號」為甚麼選擇在月球正面風暴洋西北部降落採樣呢？

風暴洋是月球最大的月海，南北約2500公里，面積約400萬平方公里。在此之前，沒有其他探測器曾經到達這裏，因此，這裏對於所有想要了解月球的人而言，是一個全新的未知地。科學家們認為，這塊區域形成的地質年代比較年輕，如果將這塊區域的樣品帶回實驗室進行分析，能幫助人類更好地認識月球的形成過程。同時，選擇在風暴洋西北部採樣也有從工程實現角度來考慮的因素。

我的目的地：月球正面風暴洋西北部；

我的目標：採集月壤約兩公斤；

我在月面的工作時間：約兩天。

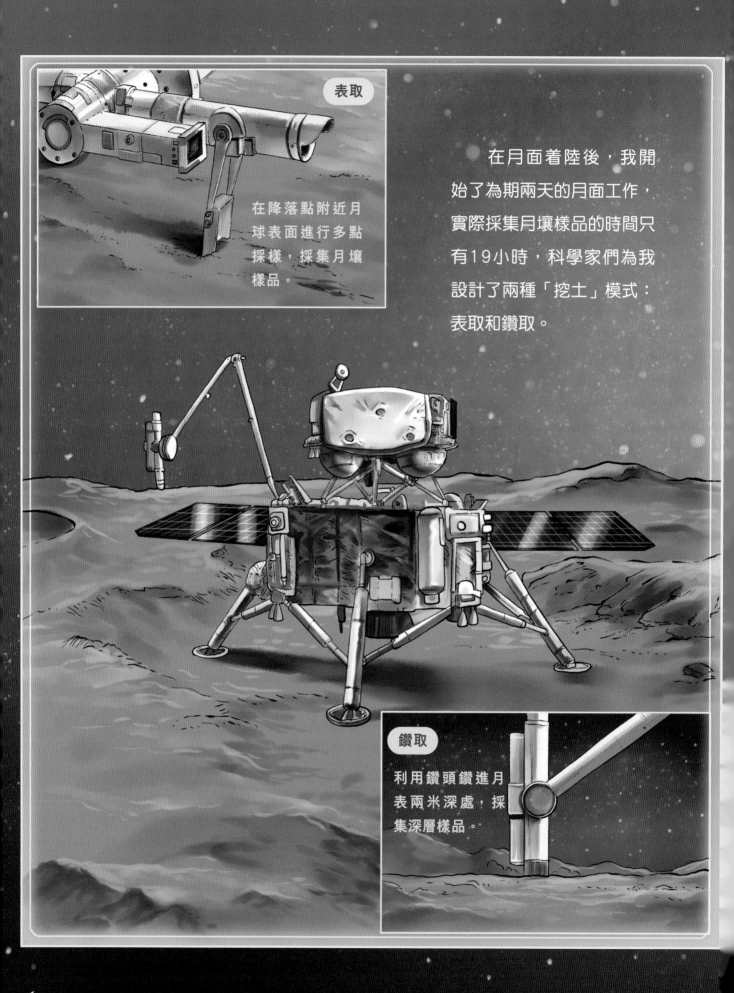

表取

在降落點附近月球表面進行多點採樣，採集月壤樣品。

在月面着陸後，我開始了為期兩天的月面工作，實際採集月壤樣品的時間只有19小時，科學家們為我設計了兩種「挖土」模式：表取和鑽取。

鑽取

利用鑽頭鑽進月表兩米深處，採集深層樣品。

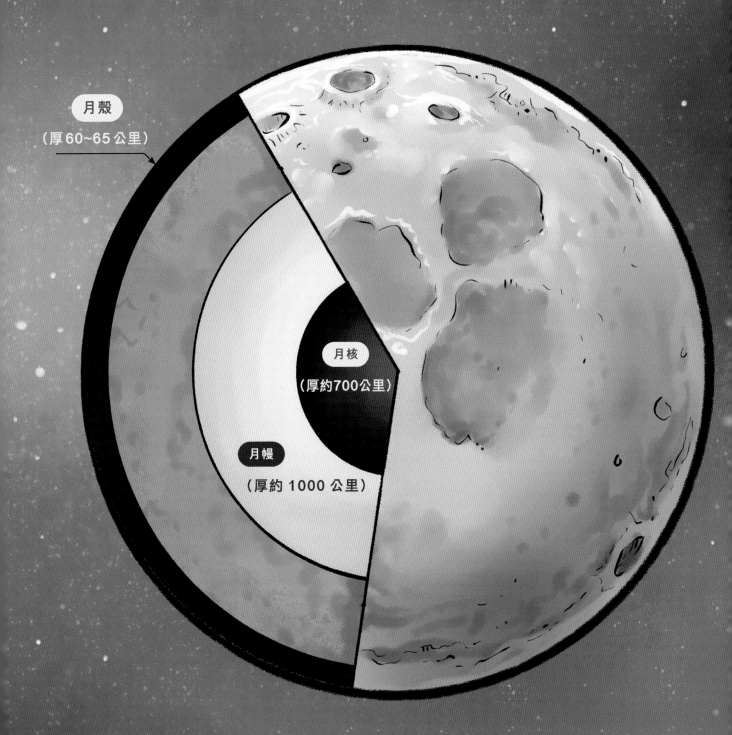

月殼
（厚60~65公里）

月核
（厚約700公里）

月幔
（厚約1000公里）

月壤中蘊藏着豐富的鈦、鐵、鈾、釷、稀土、
鎂、磷、矽、鈉、鉀、鎳、鉻、錳等礦產資源。

8 閃耀月面的「中國紅」

　　告訴你們一件非常自豪的事情，完成了月壤樣品採樣和封裝以後，在起飛回家之前，我還抽空幹了件大事 —— 第一次在月球上動態展示五星紅旗。「嫦娥三號」和「嫦娥四號」的國旗都是噴塗在身上的，而我的國旗是一面真正的織物國旗，重僅12克，並且我會在一秒鐘內完成展開動作。這一抹閃耀月面的「中國紅」，也映照出中國航天科技的底氣。

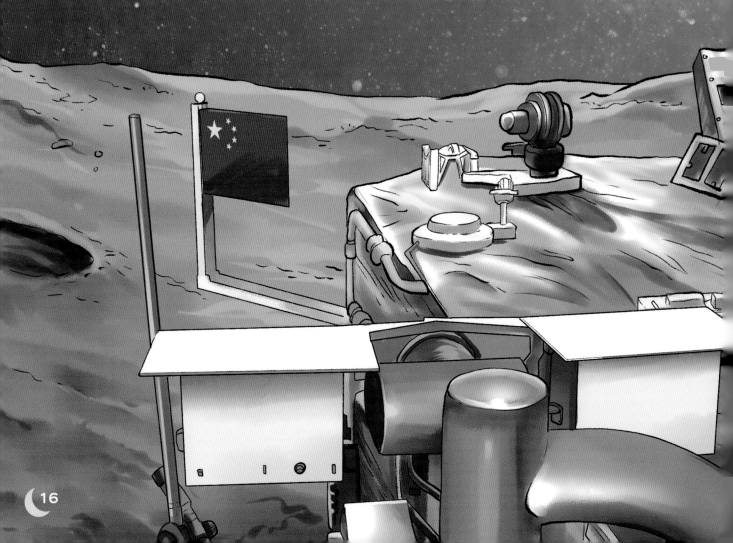

航天小知識

月面國旗選材難在哪兒？

因為月面的極端環境，再加上月球表面有着正負150℃的溫差等惡劣條件，所以單一纖維和普通紡織工藝無法滿足要求。要麼是強度不夠，要麼是染色性不足，普通國旗放在月球上，會迅速褪色、串色，甚至分解。國旗僅選材就花費了超過1年的時間，研製人員對數十種纖維材料做了大量物理實驗，最終選出一種新型複合材料，能夠在月球實現不褪色、不串色、不變形。

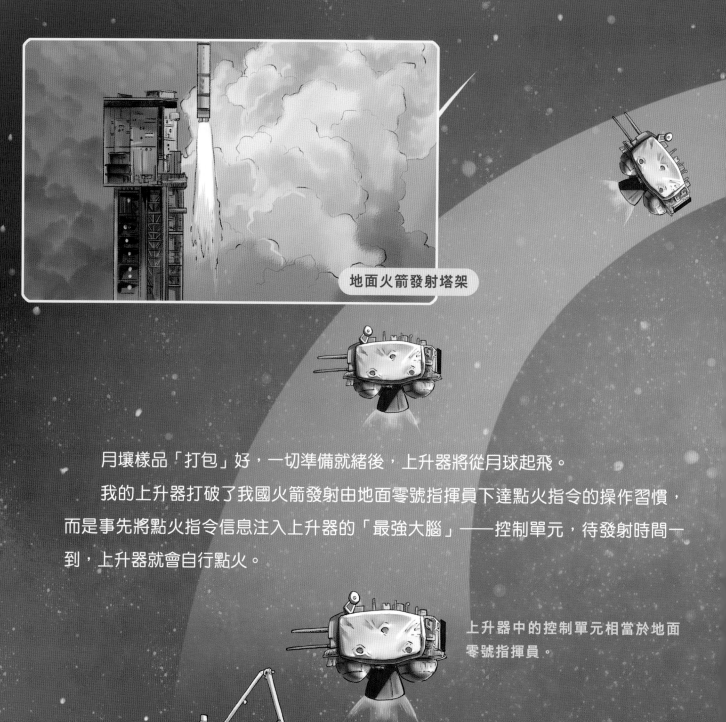

地面火箭發射塔架

月壤樣品「打包」好，一切準備就緒後，上升器將從月球起飛。

我的上升器打破了我國火箭發射由地面零號指揮員下達點火指令的操作習慣，而是事先將點火指令信息注入上升器的「最強大腦」——控制單元，待發射時間一到，上升器就會自行點火。

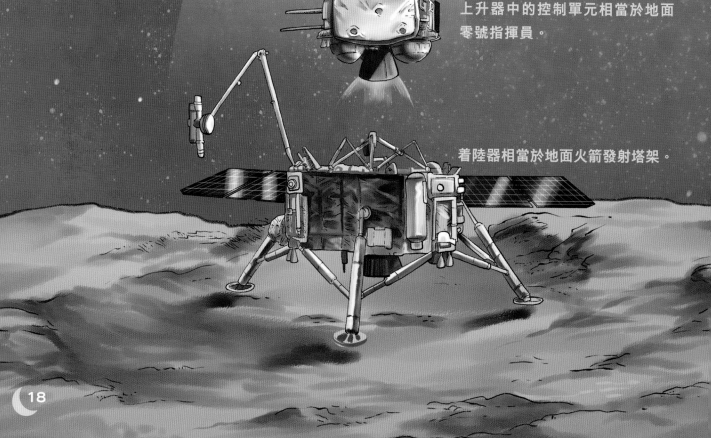

上升器中的控制單元相當於地面零號指揮員。

着陸器相當於地面火箭發射塔架。

地面零號指揮員

航天小知識

從月亮上起飛難在哪兒？

可別小看從月亮上起飛,若在地球上發射,有專門的火箭發射塔架,有相隔幾千乃至幾萬公里的陸地測控站,有海上測量船和天上的天鏈衞星。但在距離地球38萬公里以外的月球,如果着陸的地方不夠平坦,就不可能像調整地面火箭發射塔架一樣調整着陸器姿勢。上升器從月球起飛,可視為一次從月球發射航天器的無人試驗。

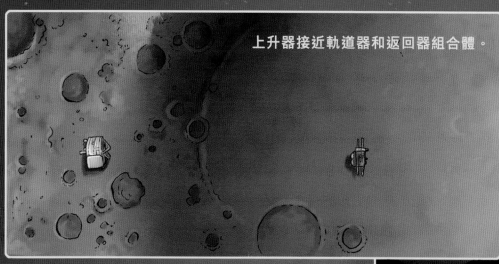

上升器接近軌道器和返回器組合體。

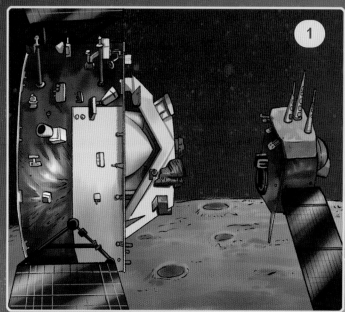

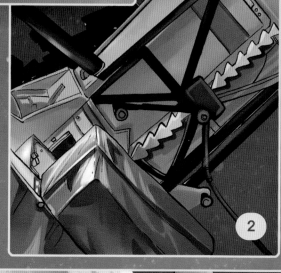

上升器與軌道器和返回器組合體進行
「抱抓式」交會對接並轉移月壤樣品。

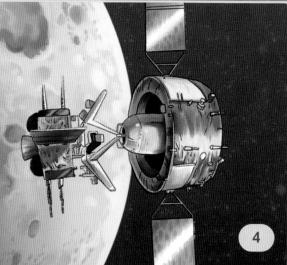

　　上升器回到月球軌道，需要將月壤樣品移交給返回器。兩個航天器在38萬公里外的月球軌道上進行無人交會對接，可謂是浩瀚太空中的「穿針引線」，對精度要求極高，達到厘米級。

　　當返回器「吞入」樣品、關上蓋子後，軌道器和返回器組合體將與上升器分離，在預定時機加速進入月地轉移軌道，踏上回家之路。

⑪ 在太空「打水漂」

　　軌道器攜返回器由月球向地球呼嘯而來，在接近地球大約5000公里的高度時將返回器釋放。隨後返回器將獨自以每秒約11公里的第二宇宙速度返回地球。這比從近地軌道返回地面的神舟載人飛船返回艙要快得多。為解決這個難題，科學家們設計了半彈道跳躍式返回方法，相當於在太空「打水漂」。

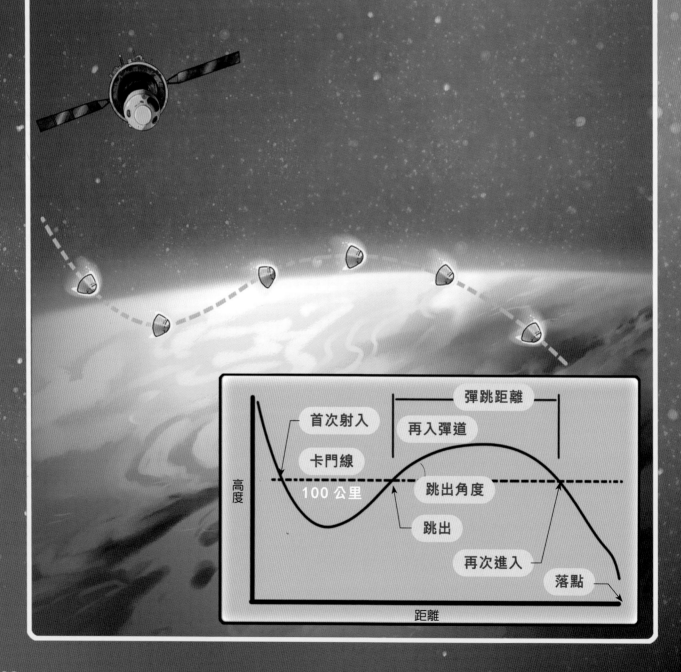

彈跳距離

首次射入

再入彈道

卡門線

100 公里

跳出角度

高度

跳出

再次進入

落點

距離

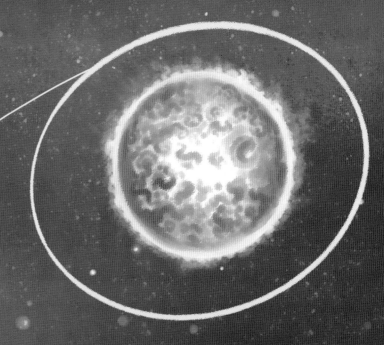

16.7 公里 / 秒
第三宇宙速度

11.2 公里 / 秒
第二宇宙速度

11.2 公里 / 秒 > 飛行速度 > 7.9 公里 / 秒

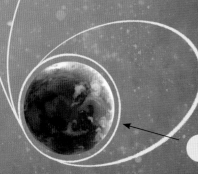

7.9 公里 / 秒
第一宇宙速度

宇宙速度

第一宇宙速度：人造衛星圍繞地球表面作圓周運動時的速度，數值為 7.9 公里 / 秒。

第二宇宙速度：航天器脫離地球引力場所需的最低速度，數值為11.2 公里 / 秒。

第三宇宙速度：航天器脫離太陽引力場所需的最低速度，數值為16.7 公里 / 秒。

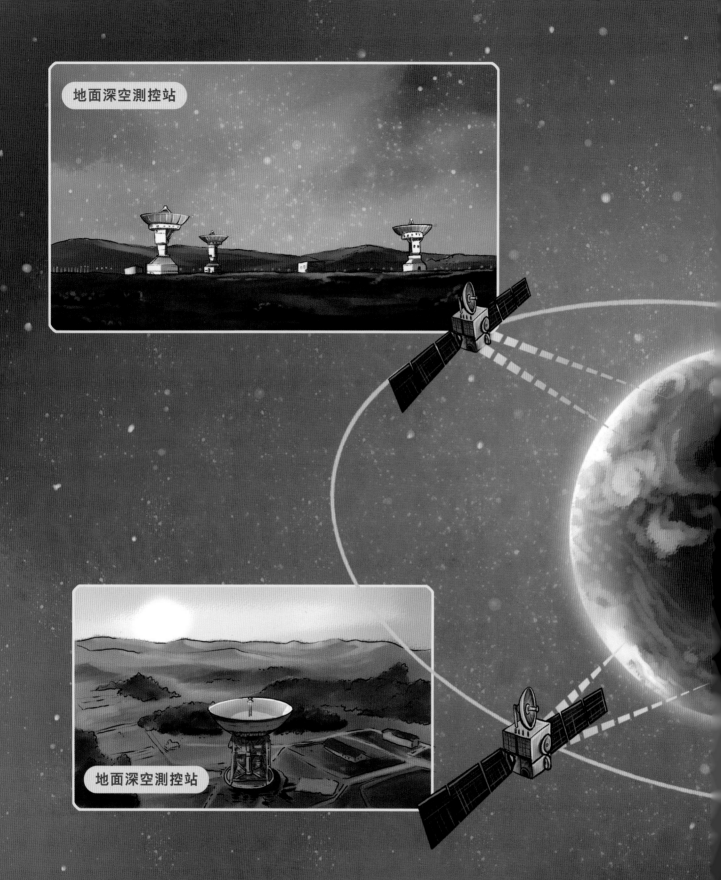

地面深空測控站

地面深空測控站

在這一系列複雜的操作過程中，其實有一雙「無形之手」牽引我回家。從火箭升空的那一刻起，火箭飛行、星箭分離、落月、探月、採樣、返回等整個過程，都依託由地面雷達、地面深空測控站、海上測量船及天鏈衛星等組成的陸海空天全方位佈局的系統，用無線電波張開的通信測控「天羅地網」，全程掌控。

12 「無形之手」牽引我回家

地面深空測控站

天鏈衛星

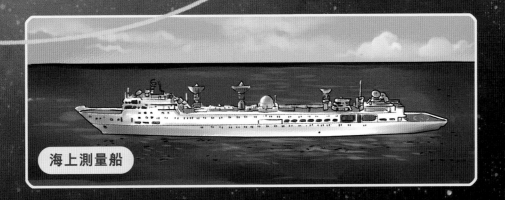

海上測量船

13 滿載而歸——1731 克月壤

　　歷經23天任務，我成功攜帶1731克月壤返回地球，在內蒙古四子王旗預定區域安全着陸，中國有了真正屬於自己的月壤。未來月壤主要有三個用途：一是進行科學研究；二是入藏國家博物館，向公眾展示，進行科普教育；三是與世界各國科學家共享，或是作為國禮相送。

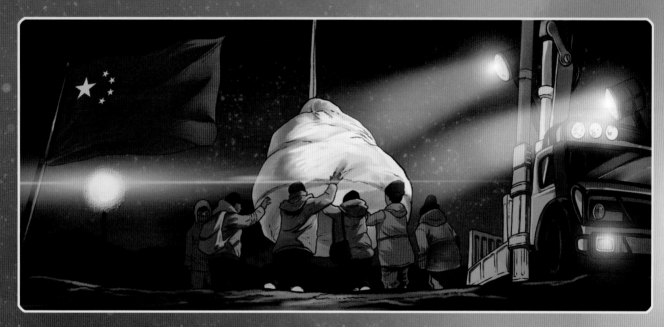

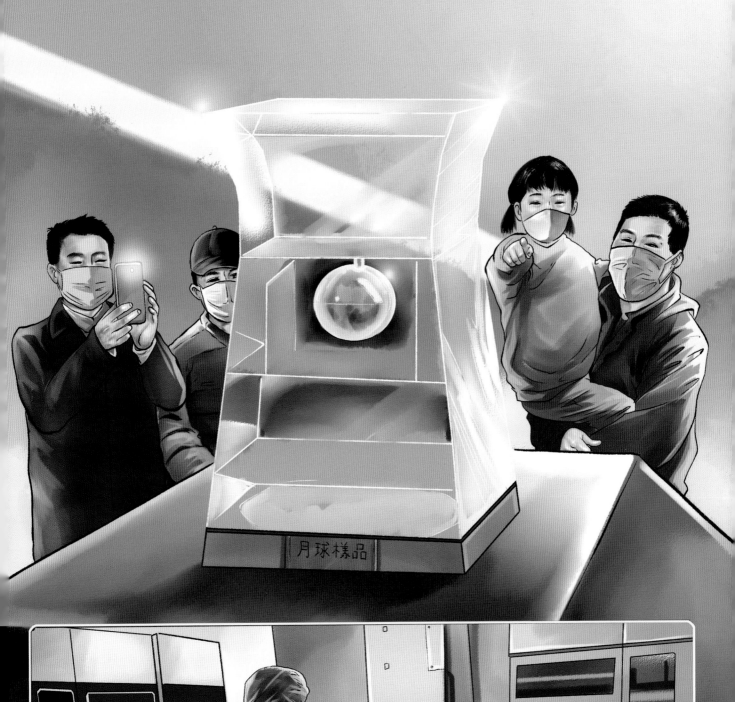

航天小知識

航天育種的原理

航天育種的原理並不複雜，這是由於空間環境具有高真空、微重力、弱磁場及複雜輻射等特點，太空射線中複雜的高能重離子衝擊生物細胞，誘導其產生遺傳變異，就能獲得新的性狀。這次「嫦娥五號」搭載的水稻種子在近月軌道長期接受深空獨特極端環境的輻射影響，而且遭遇了范艾倫輻射帶、太陽黑子爆發。其空間航行距離之長、遭遇空間環境之複雜，都是可遇不可求的。此次深空空間誘變實驗，有望幫助人類更深入了解水稻如何響應深空環境的分子及遺傳機制；獲取一批具有重要價值的優良新基因，並形成完善的關鍵基因利用技術體系，服務於水稻品種選育，提升我國糧食安全水平。

你知道嗎？與我同行的「乘客」中，還有一批40克重的「香絲苗」水稻種子，而這批去過月球的珍貴種子，有一些已經開始發芽了。

可別小看這批種子，它們可創造了一個首次 —— 我國水稻航天育種首次完成深空空間誘變實驗，將產出100%中國原創科研成果。

15 勇闖月亮南極區

　　月球的南北極區由於特殊的地理條件存在大面積的永久陰影區，一直以來備受國內外科學家重視。特殊的地理位置導致了其特殊的環境，使得月球極區的探測顯得更具挑戰性，更多關於月球以及整個太陽系的祕密，讓後續的「嫦娥六號」、「嫦娥七號」帶我們揭開謎底吧！

航天小知識

月球上真的有水嗎？

「大姐」「嫦娥一號」曾攜帶三線陣CCD立體相機，完成了目前覆蓋最全、圖像質量最好、定位精度最高的全月球影像，而針對兩極地區也有詳細的拍攝。值得慶幸的是，探測的結果確實在月球的南北兩極發現了顯示水分子「特徵」的數據信號。月球上存在水的可能性很大，科學家指出水分子或許並不完全集中在月球極地的冰層中，也許還存在於許多該區域由隕石撞擊留下的隕石坑內。

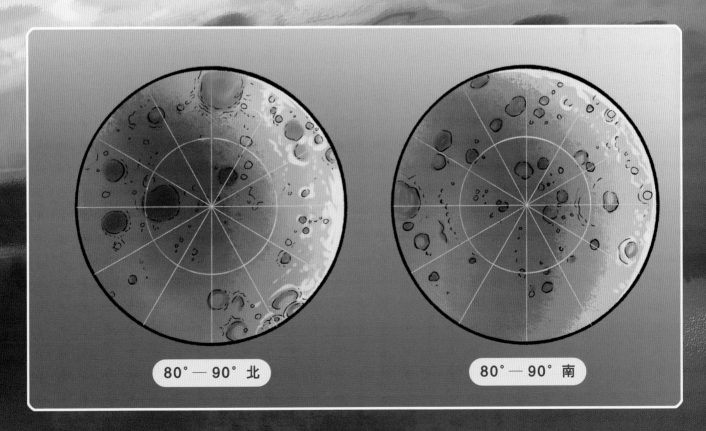

80° — 90° 北　　　　　　　　80° — 90° 南

16 去月亮上蓋房子

　　未來人類將會在月球建立科研基地或科研站，可能採用兩種途徑：第一種是多艙連接模式，採用多個剛性艙在月面軟着陸的方式部署，然後像搭積木一樣連接到一起形成一個月面生活區。第二種則是就地取材，與第一種「自帶乾糧」的方式不同，需要開採月面礦石、塵土作為原材料，然後通過一定的加工方式，比如說3D打印變成我們可利用的建築原料，再進行建造。科學家們甚至還設想利用月球表面以下的熔巖管，構建一座安全的地下城市。

　　月球尚有很多未解之謎，請大家期待我們嫦娥家族未來的探祕工作！

中國探月工程大事記

⭐ 2007年10月24日18時05分，中國第一顆自主研發的月球探測衛星「嫦娥一號」在「長征三號」甲運載火箭的護送下，從西昌衛星發射中心成功發射，踏上38萬公里之遙的奔月征程。

⭐ 2008年11月12日，由「嫦娥一號」探測器拍攝數據製作完成的中國第一幅全月球影像圖公佈，這是當時世界上已公佈的月球影像圖中最完整的一幅。

⭐ 2009年3月1日，「嫦娥一號」探測器在圓滿完成各項使命後按預定計劃受控撞月。這標誌着中國邁出了深空探測的第一步，也是我國探月工程的首次突破。

⭐ 2010年10月1日18時59分57秒，「長征三號」丙運載火箭在我國西昌衛星發射中心點火發射，成功把「嫦娥二號」探測器送入太空。

⭐ 2011年8月25日，「嫦娥二號」探測器受控準確進入日－地拉格朗日L2點的環繞軌道。我國成為世界上繼歐洲航天局和美國之後第3個造訪L2點的組織／國家。

⭐ 2013年12月2日1時30分，「嫦娥三號」月球探測器在西昌衛星發射中心由「長征三號」乙運載火箭成功送入太空。

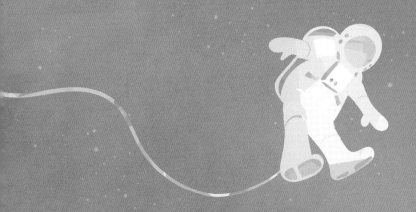
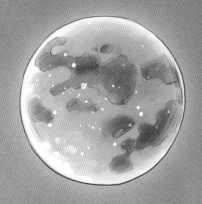

⭐ 2013年12月14日，「嫦娥三號」探測器攜帶中國第一輛月球車——「玉兔一號」成功軟着陸於月球正面虹灣，這是我國航天器首次在地外天體軟着陸。我國也成為世界上第三個實現月面軟着陸和月面巡視探測的國家。

⭐ 2018年5月21日5時28分，「嫦娥四號」探測器的「鵲橋」中繼星在西昌衛星發射中心發射升空，成為世界首顆運行在地－月L2點暈軌道的衛星。

⭐ 2018年12月8日2時23分，我國在西昌衛星發射中心用「長征三號」乙運載火箭成功發射「嫦娥四號」探測器，它將實現人類探測器首次在月球背面軟着陸，並開展巡視探測。

⭐ 2019年1月3日10時26分，「嫦娥四號」探測器成功着陸在月球背面東經177.6度、南緯45.5度附近的預選着陸區，並通過「鵲橋」中繼星傳回了世界第一張近距離拍攝的月背影像圖，揭開了古老月背的神祕面紗。

⭐ 2020年11月24日4時30分，「嫦娥五號」探測器在中國海南文昌航天發射場由「長征五號」運載火箭成功發射，開啟我國首次地外天體採樣返回之旅。

⭐ 2020年12月1日23時11分，「嫦娥五號」着陸器成功着陸在月球正面風暴洋西北部的預選着陸區。

⭐ 2020年12月17日1時59分，「嫦娥五號」探測器返回器攜帶1731克月壤樣品，採用半彈道跳躍式返回方法，在內蒙古四子王旗預定區域安全着陸。

⭐ 2021年2月27日，「嫦娥五號」帶回的月壤在中國國家博物館亮相。入藏國家博物館的月壤正式名稱為「月球樣品001號」，其重量為100克。

責任編輯 楊 歌 楊紫東
封面設計 鄧佩儀
排版 鄧佩儀
印務 劉漢舉

③ 中國探月工程科學繪本

逐夢深空
—— 嫦娥五號攬月回 ——

主編◎ 錢航　繪◎ 鄭洪傑

出版｜**中華教育**

香港北角英皇道 499 號北角工業大廈 1 樓 B 室

電話：(852) 2137 2338　傳真：(852) 2713 8202

電子郵件：info@chunghwabook.com.hk

網址：http://www.chunghwabook.com.hk

發行｜**香港聯合書刊物流有限公司**

香港新界荃灣德士古道 220-248 號荃灣工業中心 16 樓

電話：(852) 2150 2100　傳真：(852) 2407 3062

電子郵件：info@suplogistics.com.hk

印刷｜**美雅印刷製本有限公司**

香港觀塘榮業街 6 號海濱工業大廈 4 字樓 A 室

版次｜2022 年 10 月第 1 版第 1 次印刷

©2022 中華教育

規格｜16 開（210mm x 285mm）

ISBN｜978-988-8808-41-0

顧問委員會｜劉竹生 陳閩慷 朱進 苟利軍

叢書主編｜錢航

叢書副主編｜王倩 楊陽 王易南

編委會成員｜尚瑋 李毅 張蓉 閆琰 扈佳林 羅煒
　　　　　　李蔚起 王彥文 蔣平 黃首清

◎ 本書由國家航天局權威推薦，中國航天科技集團組織審定